体验自然 启迪智慧
五大 游戏系列⑤

自然大恩惠

[主编]山田　卓三　[绘]奥山·英治　[译]钟　华／钟国安

中国农业科学技术出版社

序言

人类认识世界首先是从感觉开始的。我们能看到美景（视觉）、听到可爱的青蛙叫声（听觉）、闻到鲜花的芳香（嗅觉）、尝到海水的咸味儿（味觉）、感到鱼儿滑溜溜难捉难拿（触觉），这些都是五官感觉在起作用。正是依靠五官感觉，才能认知周围的世界。因为有了五官感觉，才使我们的生活变得丰富多彩！尤其对于孩子们来说，感觉器官得到充分刺激，大脑各部分就会积极活跃，孩子自然聪明伶俐。

＊

保持五官敏锐感觉对我们身心健康极为重要。但是，不知道你发现了没有，生活在城市的钢筋水泥"丛林"中，我们的五官感觉（视觉、听觉、嗅觉、味觉、触觉）变得越来越弱。正如通过体育锻炼可以增强体魄一样，人的五官感觉也可以通过某些方式的锻炼得到加强。其中的一种方法就是利用传统游戏来培育我们的五官感觉。

＊

这套丛书分门别类地介绍了在不同的场所或运用不同类型自然素材的各种传统游戏。第5卷自然大恩惠，我们一起来尝试利用各种自然物做游戏的乐趣。使用各种树枝做手工，利用各种自然花草、树木的果实来染色，还可以亲自品尝野菜或树木果实的芳香，我们灵巧的双手将使这些自然物获得活力。若感到有趣儿，请立即去到大自然中去！五官感觉得到体验和知识，将成为你终生的宝贵财富！

山田　卓三

目 录

大自然的手工课

❶ 木头陀螺转转转 …………… 4
❷ 松树皮游艇哗哗哗 …………… 5
❸ 木头转筒嗡嗡 …………… 6
❹ 制作空竹 …………… 6
❺ 竹蜻蜓飞飞飞 …………… 7
❻ 竹筒水枪滋滋滋 …………… 8
❼ 竹筒喷泉呼呼呼 …………… 8
❽ 竹筒气枪啪啪啪 …………… 9
❾ 竹制潘笛嘀嘀嘀 …………… 10
❿ 竹制水笛啾啾啾 …………… 10
⓫ 竹制木屐咔嚓嚓 …………… 11
⓬ 黏土铃铛叮叮当 …………… 12

大自然的颜色

❶ 拓染 …………… 14
❷ 印染 …………… 15
❸ 草木染色 …………… 16
❹ 黏土染色 …………… 18
❺ 木头彩色项链 …………… 19
❻ 柿油染纸 …………… 19

继续往下玩儿

奇特的果实和叶片 …………… 20

大自然的味道

❶ 品尝千日红 …………… 22
❷ 嚼酸模叶 …………… 22
❸ 吸茅根汁 …………… 23
❹ 吃虎杖茎 …………… 23
❺ 舔盐肤木果 …………… 23
❻ 煮野菜 …………… 24
❼ 凉拌蕨菜 …………… 24
❽ 软炸车前草 …………… 25
❾ 鱼腥草茶 …………… 25

大自然的馈赠

❶ 烤橡子小饼干 …………… 26
❷ 树莓果酱 …………… 27
❸ 栀黄豆香糯米饭 …………… 28

小小图鉴

能用作气枪弹丸的果实 …………… 9
适合染色的树木及植物果实 …………… 15
春天七菜 …………… 23
可以当作食物的野花 …………… 25
可以直接生食的植物果实 …………… 27

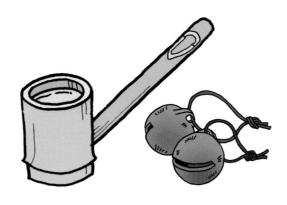

※ 游戏后标的 春夏秋冬 表示季节，指适合玩儿此游戏的季节。

指游戏的难易程度：★☆☆（简单）→ ★★☆（中等难度）→ ★★★（稍高难度）。

大自然的手工课

生活中随处可见的木头，结实又耐用，是加工、制作玩具的好材料。让我们充分利用树木的自然特征，做成玩具一起玩吧！田间的黄土、黏土也能做有趣的游戏哟！你知道该如何去玩吗？让我们一起来动手吧！

1 木头陀螺转转转 春夏秋冬 ★★☆

用鞭子抽打，陀螺就会旋转，所以称之为"抽陀螺"。"1、2、3！"大家一齐开始抽打，哇！转得好快呀！像芭蕾舞演员一样。最后，按陀螺旋转时间长短来决定名次，时间最长的当然是冠军啦！这可是国际惯例哟！

●做法

○陀螺

把圆木的一端，像削铅笔一样削成图示的形状。

5~10厘米

4~8厘米

○陀螺鞭

用结实的细线，把宽为2厘米、长为80厘米的细长带子捆扎在长约40厘米的树枝或竹棍上。

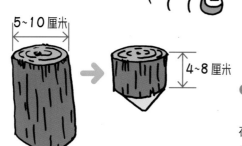

也可使用由棉布手帕等撕成的布条

●陀螺是怎么旋转的呢？

首先，把抽陀螺的鞭子卷在陀螺上，使它直立在地面上。用手指按住陀螺，然后迅速向回拉鞭子。接着用鞭子横向抽打陀螺的侧面，就使它能长时间维持旋转状态啦！试试吧！

小窍门！

陀螺很难维持平衡，因此，应尽量选择纹理好的圆形木头为材料。

注意：用刀削木头时要注意安全哦！

② 松树皮游艇哗哗哗 春夏秋冬 ★★★

松树皮做游艇？太有创意啦！一起动手吧！把松树皮做成小船儿，船尾处贴上一块松脂，"游艇"就会在水中慢慢移动起来。树叶呀、蚂蚁呀，可以乘坐游艇远航啦！

●制作方法

先把松树皮的外端削成游艇状，然后从内侧掏空，再把前部削成"V"字形，在游艇尾部贴上松脂。

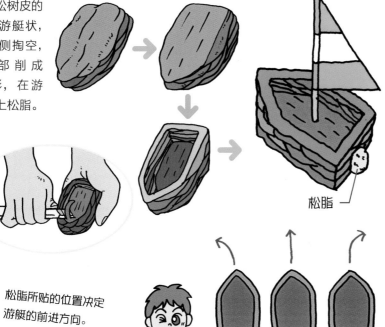

松脂

松脂所贴的位置决定游艇的前进方向。

小窍门！

如果在松树皮"游艇"的后面贴上樟脑，"游艇"会跑得更快哦！要不要尝试一下？

＊夏天的时候，妈妈经常会把樟脑球放入衣柜里，以防虫蛀衣服。

小常识！

松脂是松树干的渗出液，非常黏，具有防虫护树的作用。松脂不溶于水，而是在水面上形成一层膜向外扩散。游艇随着松脂膜的扩散而前进。开动脑筋想一想，游艇在水中滑行时，松脂起了什么作用呢？

3 木头转筒嗡嗡 春夏秋冬 ★★☆

手柄：先把卫生筷的一端刻上槽，槽内涂上松脂（如图所示），再把风筝线的一端系成环状套在槽内。竹筒：选择一段竹筒，将一端用不干胶封严，再在不干胶中间钻个小孔。连接：把风筝线的另一端穿入竹筒的孔中打上结，然后在竹筒里面用透明胶带固定，以防止线脱落。当我们手拿卫生筷在空中旋转时，风筝线与松脂间因摩擦就会发出"嗡嗡"的响声。时快时慢，抑扬顿挫。

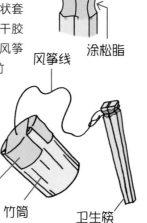

涂松脂

风筝线

不干胶

竹筒

卫生筷

4 制作空竹 春夏秋冬 ★★★

准备一段粗约 4~6 厘米的竹子，（按图示步骤）作成托球的球端部和托球部，然后组成托球。

● 制作方法

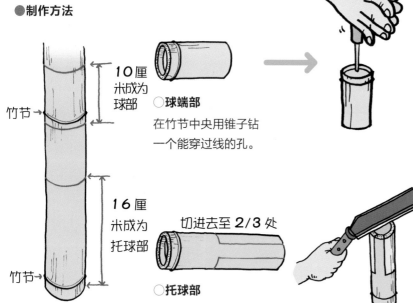

竹节

10 厘米成为球部

○球端部
在竹节中央用锥子钻一个能穿过线的孔。

16 厘米成为托球部

竹节

切进去至 2/3 处

○托球部
按图示的方法切入，用锥子钻一个能穿过线的孔。

钻孔

准备一条 40 厘米长的风筝线，（按图示）把球端部和托球端连在一起，托球就诞生了。为防止脱落，线的两端各系一块碎竹板，就 OK 了。

注意：锯竹子或用刀时，一定与家长一起进行哦！

⑤ 竹蜻蜓飞飞飞 春夏秋冬 ★★★

在1400多年前竹蜻蜓玩具就出现了它的年龄可不小哦！制作竹蜻蜓并不难，关键是要仔细削薄竹片，把握好左右两只翅膀的平衡。

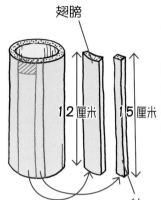

翅膀

12厘米　15厘米

轴

●制作方法

先把竹子分别截成12厘米（成为翅膀的部分）和15厘米（成为轴的部分）长的两段，轴的宽度为5~6毫米；翅膀的宽度为13~15毫米。在成为翅膀的竹片中心用锥子钻一个3~4毫米的孔。

将竹片（按图示）拿在手里，用刀由内向外呈斜向削下去。横截面就呈现出三角形啦！

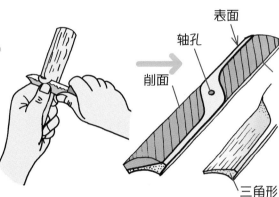

表面
轴孔
削面
削面
三角形

注意左右平衡的同时，一直削到左右相同为止。

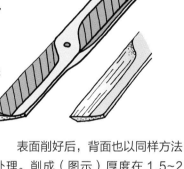

竹片背面

表面削好后，背面也以同样方法处理。削成（图示）厚度在1.5~2毫米左右的薄片，翅膀上留有绿色的条状部分稍微厚些，相反的部分则很薄，会飞得更高，更远。

翅膀大功告成啦！再做轴吧！轴粗要稍微大于翅膀中间孔的直径。再将其插入孔中的部分按孔的大小削细一点，然后，插入孔中。

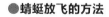

●蜻蜓放飞的方法

将竹蜻蜓的轴放于两手心中间，轻轻地揉搓、旋转，确定两条翅膀不会脱落之后，便用右手用力向外推着旋转，顺势放手。竹蜻蜓飞向空中啦！

左撇子的人削翅膀的斜面是相反的，不过，更容易放飞哦！

小窍门！

翅膀与轴成直角时，才能飞得更高。未成直角时，就重新削一下轴或在孔处用粘胶调节成直角吧！

⑥ 竹筒水枪滋滋滋 春夏秋冬 ★★★

竹子中间是空的，这可是做水枪或气枪的好材料（→9页）。竹筒水枪要做的好，水的射程会相当远，比起买的塑料水枪可好玩多啦！

●玩儿法

先在水桶等容器里装满水，把枪筒插至水中约 1/2 处，然后轻轻向上拉推杆，把水吸入竹筒中。对准目标用力推推杆，哇——水从枪筒射出去啦！好远啊！

●制作方法

从竹节处取一段竹子，用锥子在竹节处钻一个孔，就是枪筒了。再用竹子或木头做一个与竹筒内部同样粗的推杆。就 ok 了！

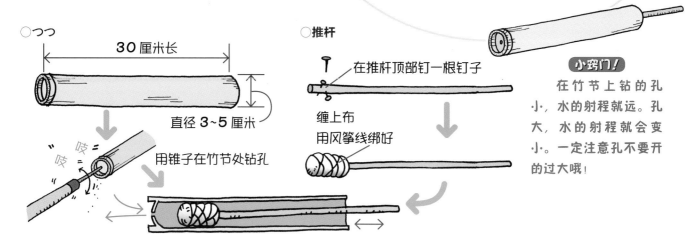

○つつ

30 厘米长

直径 3~5 厘米

用锥子在竹节处钻孔

○推杆

在推杆顶部钉一根钉子

缠上布
用风筝线绑好

小窍门！

在竹节上钻的孔小，水的射程就远。孔大，水的射程就会变小。一定注意孔不要开的过大哦！

⑦ 竹筒喷泉呼呼呼 春夏秋冬 ★★★

在⑥中做的水枪筒中装入一个玻璃球，由中间贯通的细竹竿代替木制推杆。

●制作方法

推杆（不带节的细竹）

在推杆上先钻好孔

玻璃球

●玩法

用手指堵住推杆的孔向上拉推杆，将推杆拉到上端后，从推杆的顶端挪开手指，直接向下推推杆，这时水便由推杆孔向上强力喷射出来。

用手指堵住推杆的孔

向上拉推杆时，水进入筒内

推杆向下移动

玻璃球堵住孔

玻璃球离脱

水从推杆孔强力喷去就像喷泉一样

8 竹筒气枪啪啪啪 春夏秋冬 ★★★

截一段细而硬的竹子，就能制作简单又好玩的气枪了。弹丸就是浸湿了的纸团，安全又刺激！

●玩法

把湿面巾纸团成的纸球弹丸，用细竹（推杆）慢慢推至竹筒的顶端。当用力推第2个弹丸时，前面的球就会"嗖"地从枪筒中喷射而出。

●制作方法

把竹筒（如图）截成两段，带节的一段作手柄。将另一段细竹插入手柄内，用棉布等塞紧，以免脱落。长度以插入手柄内后，比原来的长度短1~2厘米最合适了。

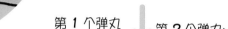

第1个弹丸　第2个弹丸

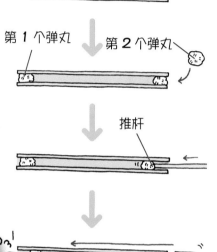

小窍门！

也可以根据不同季节，用不同种类的树木或植物的果实做成弹丸。这时就得根据果实的大小来选择竹子的粗细了。

推杆

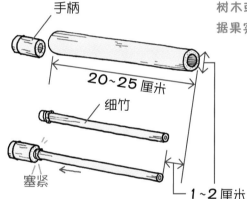

手柄

20~25厘米

细竹

塞紧

1~2厘米

多试验几次，看怎样放弹丸才能射的更远。

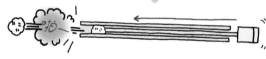

注意：不要把气枪的弹丸对着人。

小小图鉴 能用作气枪弹丸的果实

柟（zhān）檀

生长在海岸边，花有香味，果实呈橘黄色。落叶后果实还留在树上呢！

杉树

松科常绿乔木，生长在山地，花有雌、雄之分。位于树枝顶端的雄花呈球状，其花粉是造成人们花粉过敏的主要原因。

樟树

常绿大乔木，果实是球形的，到了秋天，就慢慢由绿色变成了黑紫色。

龙牙草

又名仙鹤草、地仙草，根及冬芽都是重要药材。夏季盛开黄色的花，花期结束后形成三角形果实，果实上有带钩的刺，很容易粘在衣服上哦！

9 竹制潘笛嘀嘀嘀 春夏秋冬 ★ ★ ★

将嘴唇贴在不同粗细或者长短的竹管上面吹，会发出悦耳的响声。要是改变所排列竹管的长度，就能发出不同的响声，很奇妙哦！

●**制作方法**

将不同粗细的竹子，保留底部的竹节。排列好后，用绳子绑起来，件精美的乐器就大功告成了！

小窍门！

在管的粗度一致的情况下，管的长度减少 1/2 时。发出的音可提高一组音节。很奇妙吧？

10 竹制水笛啾啾啾 春夏秋冬 ★ ★ ★

还有比潘笛更好玩的呢！在一个放了水的竹桶里吹竹笛时，可响起"啾啾啾"像小鸟唱歌一样的笛声。这就是水笛。动手吧，先准备不同粗细的竹子，把竹桶与竹笛组合在一起就 OK 了。

●**制作方法**

先截一段带有竹节的 5 厘米长的竹子，做成一个小竹筒，在离筒底部约 2 厘米处，开一个能插入竹笛的孔，将竹笛插入其中再用黏胶固定好。竹筒内放入水。就 OK 啦！

5 厘米

○捅开

开孔

○**竹笛的制作方法**

用刀在竹筒上呈斜面切进去。将切下来的小竹片原封不动地放入竹筒内。

小窍门！

竹筒内水量不同，笛子的音色也不同，分别做一下试试看。是不是很有趣呢？

注意：当使用刀子或者其他利器制作玩具的时候，务必要和家长一起完成。

⑪ 竹制木屐咔嚓嚓 春夏秋冬 ★ ★ ☆

木屐是日本女孩儿穿的拖鞋。先用较粗的竹子做成木屐，然后穿在脚上走着玩，或进行单腿跳、或跨越地上的石块、木棍等。很有意思的！有没有兴趣体验一下？

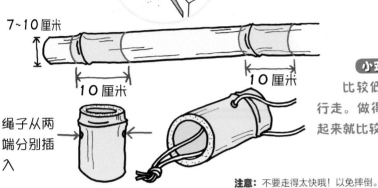

7~10厘米

10厘米　　　　　10厘米

绳子从两端分别插入

●制作方法

准备一段直径约 7~10 厘米，并带有两个竹节的竹段，分别从靠近竹节处的下方至上方的 10 厘米处截取两段同样长度的竹段。（如图）在靠近竹节的下端分别开两个 5 毫米左右的孔。把绳的两端分别插入孔中，里面打上结。一双漂亮的竹木屐就做成啦！

小窍门！

比较低的木屐容易行走。做得太高了，走起来就比较难了。

注意： 不要走得太快哦！以免摔倒。

●玩法

用手提着绳，站在竹木屐上，抬脚的同时，手也一起向上提。行走时，脚可不能脱离木屐呦！

做做试试！

竹筒魔术绳

做一个暗道机关工艺魔术绳……

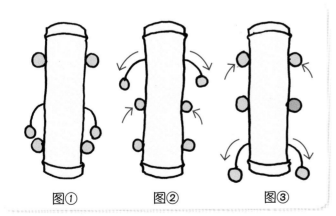

图① 　　　 图② 　　　 图③

竹筒中共有 6 条绳，中间的两条处于被拉出来的状态（图①）。如果拉上面的两条绳，中间的两条绳即缩回去（图②）；拉下面的两条绳时，上面的就缩回去了（图③）。这到底是怎么回事呢？

●竹筒里面的暗道机关

其秘密就在于上、下两段绳与中间的绳相互交织在了一起。

制作方法是：首先穿上中间的一条绳，甩动竹筒，使绳垂下去。在垂下的部分上面穿上下面的绳。倒转竹筒，用同样的方法使绳下垂，使下面的绳穿过中间的绳。这样中间的绳便与上、下两段绳交织在了一起。

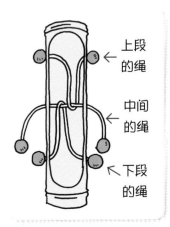

← 上段的绳

← 中间的绳

← 下段的绳

12 黏土铃铛叮叮响 春夏秋冬 ★ ★ ★

你玩过黏土吗? 快来体验一下吧! 黏土能做成各种玩具, 比如小汽车、小椅子、小动物等。出地或池塘干裂土壤的土, 也能做成各种清脆的响铃铛, 一起动手吧!

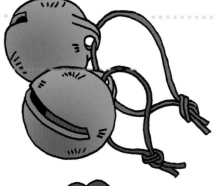

● 制作方法

和泥可是个技术活呢! 要边和泥, 边向土里加水, 要使泥团不软不硬。泥和好后, 把一块块小手指尖大小的泥块放于两手中间来回滚动, 团成一个个小球球, 再用面巾纸包好。这样, 泥球就做好了。

铃铛的球

包泥球的面巾纸在烧制铃铛时, 就被一起烧掉了。

把鸡蛋大小的泥块, 分成两等份, 分别做成碗状, 形成铃铛的主体。把包着纸的球放在里面后, 将两个碗扣在一起, 再在接缝处抹上水, 认真、仔细地使两者切实吻合, 不留缝隙, 成为一体。

小窍门!

铃铛是否声脆悦耳, 球的大小、铃铛厚度、大小及位于底部开口的长短和宽度等都是关键。试着多做几个, 掌握要领, 才能做得理想哦! 不要怕麻烦啊!

把做好的泥球一端用手指捏一块突起, 在此处开一个穿绳的孔。

在穿绳的反面，用刀在上薄片开一个口，长度在全长的 1/3 左右。

铃铛成型后，把开口的一端作为底部，放于平板上，稍微向下压。底面成平面状，坐于平板上，干燥两天。

将已干燥的铃铛放入烧制锅内，放在煤气炉上，锅上压着陶土花盆。经文火烧 10 分钟、中火和强火各烧 20 分钟后，再用茶碗堵上花盆底部的孔，在强火上烧 10 分钟。烧完后静置 10 分钟。

注意： 刚烧过的锅，温度很高，为防止烫伤，要垫上较厚的毛巾等。另外，点火时要注意安全。

* 也可用烤鱼网代替烧制锅。

充分冷却后，在穿绳孔里穿绳，一个完整的铃铛就做成了。

用黏土和泥揉泥很有趣！

小常识！

古代把烧制陶器，称为"烧荒"。用柴火烧制陶器，为了防止陶器被烧裂，先用火烤，直至水分全部脱净后，再放入火中烧。照片为在校园里烧荒，进行陶器制作的场景。

大自然的颜色

花草树木的秘密可多啦！挤压植物的花、果实、叶子，就能得到各种颜色的汁液。有的与植物本身颜色一致，有的则完全不同。下面我们来了解各种手工印染艺术，感受自然色彩的魔法吧！

① 拓染 春夏秋冬 ★ ★ ★

把花草树叶直接放在要染的布料或纸上，轻轻敲打，哈哈！花草、树叶原有的形状和颜色都被染上啦！记住呦！靛蓝、三叶草、藜（灰菜）和红枫叶的叶汁最容易着色。

● 染色方法

在工作台上面铺上保鲜膜或塑料布，摆好用来染色的花或树叶，放好纸或棉布，再覆盖一层保鲜膜或塑料布。然后，用缠着布的铁锤或木槌在上面敲打。直至颜色均匀地渗到纸张或布上。染色完成，一切 OK!

注意哦！敲打时不能用锤子来回蹭，而是轻轻地敲打。

* 如果用的是新布，先洗一遍比较容易着色。

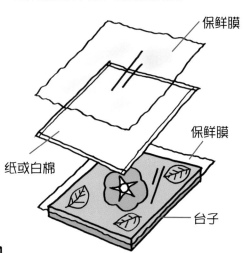

保鲜膜

保鲜膜

纸或白棉

台子

pia pia

小窍门！

敲打时，如果用力过大，会损坏原来花叶的形状，轻而快速地连续敲打，就像剁蔬菜丁一样，试试吧！

14

② 印染 春夏秋冬 ★★★

"镂空纸版染色"是古代传统的手工印染技术。借用纸板模型使可以要染的部分准确着色。

● **染色方法**

把一张厚纸挖出自己喜欢的图案，铺在要染的布上。用纱布把花或果实包上用力揉搓，放在要染色的部位，从上面用力敲打。哈哈！奇迹出现了，要染的部位颜色在慢慢变！变！终于出现理想的效果啦！把纸拿开。是不是很神奇？

小小图鉴 适合染色的树木及植物果实

垂序商陆

生长于路旁，夏天结紫色果实，果汁可染出漂亮鲜艳的红紫色。

蛇莓

蔷薇科植物，具有药用价值。生长于光照好的草地，开黄花。果实红色，无毒，但不好吃。

栀子

果实为传统中药。古时候就有利用其果实染布的习惯，也可作为食用或药用染色剂使用。

海州常山

花序大，花果美丽，秋季结成深黑色果实，它的果实可以染出正宗黑色。

③ 草木染色 春夏秋冬 ★★★

有些草木或树皮可使手帕及 T 恤衫等着色，再通过固色剂使其保持颜色，可染成自己喜欢的独特色彩。

* 固色剂可促进着色，使色彩更为鲜艳明亮。使用铝制或铁制的染色容器会影响颜色效果。所以最好使用不锈钢或瓷制容器。

栀子皮染出来的颜色

●染色方法

○准备染色原材料

被染色物为 100 克时，生鲜材料也需 100 克，将其剪成碎块。

把剁碎的草或树皮煮 15~30 分钟。

煮出颜色后，用铁丝筐或纱布过滤。

○准备染色布料

为了使染色均匀，事先用温水将布料 * 浸泡 5 分钟以上。

* 纯棉制的植物性布料比动物性布料（绢及毛织品）难于着色，所以先准备一份牛奶和两份水的混合物，将布料放置其中浸泡 1 小时以上效果更好。

小窍门！

用金棒草花染色时，不用媒染也能染成鲜艳的黄色。

○固色剂的做法

将 15~20 克明矾（中药房有售）放入 1 升热水中。也可把旧铁钉放入食醋中煮 10 分钟左右，再放置两个星期即可使用，以一面盆水中放两勺比较合适。

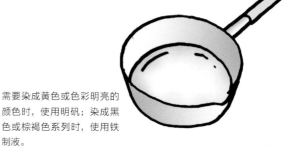

* 需要染成黄色或色彩明亮的颜色时，使用明矾；染成黑色或棕褐色系列时，使用铁制液。

注意：用火时，一定要小心哦！

○染布料

把要染的布料放入染色液中，一边搅拌一边用文火煮15分钟以上。

取出布料，用水轻轻冲洗后，置于固色剂溶液中泡30分钟左右。

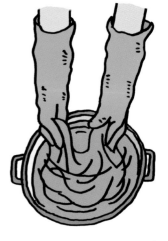

注意： 向固色剂溶液里放布料时，要戴上胶皮手套哦！

经过水洗的布料，在遮阳、通风良好处晾干，染色过程全部结束。大功告成！

●花色的染法

（扎染）

先把不需要染色的部位用手揪起，用橡皮筋扎结实。

（夹染）

用夹板夹住保留部分，再用绳将其固定。

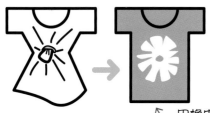

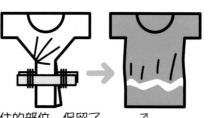

↑ 用橡皮筋扎住的部位，保留了原来白色。

小常识！

古人利用大自然的花草染衣服。例如，用茜草根或红花的花染红色；用栀实染黄色；用紫罗兰根或脉红螺的壳等染紫色；用靛蓝的果实染黑色。

4 黏土染色 春夏秋冬 ★★★

不同地方的黏土颜色也不一样，取一些土回来染一下手帕或毛巾，试试看效果如何？

小常识！

黏土染色是历史悠久的传统染色工艺。"黏土"也写为"彩土"、"黄土"和"埴"，指黄红色黏土之意。古代将黏土涂抹在服装上也可形成花样。

● **染色方法**

取土，去掉杂物，在太阳下晒干。

把晒干的土装在布袋里，用锤子砸碎。

取5克细土放入2升的热水中，充分搅拌。

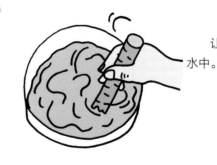

让细土充分溶解到热水中。

○ **染布前的准备工作**

把要染的布料放入温水中，浸泡5分钟以上，使其充分膨胀起来。

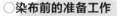

把经浸泡膨胀的布料展平，浸入染色液里。

确认染色液已充分渗入布纹内部后，用力把布拧干。

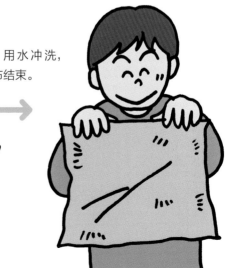

用水冲洗，染布结束。

⑤ 木头彩色项链 春夏秋冬 ★★★

将刚刚剪下的树枝切口浸入染色液中，放置一天左右。第二天切去染色端，会发现染色液已渗入到茎的内部，枝干都变成了好看的颜色，做成漂亮的项链坠一定很独特！

小窍门！

如果使用做点心的食用色素来染色，色彩会更鲜艳，也可用稀释了的红墨水。发掘各种颜色试试看吧！

小常识！

也可把枝干染色用来观察树的水分传导途径实验。通过此法了解水由根部吸入和被传导到叶子中的过程。

⑥ 柿油染纸 春夏秋冬 ★★★

柿油是从涩柿子里攥出的汁。染成的"涩纸"，可做成纸垫或书签。

压碎后直接放入塑料桶等容器中，放置40~50天。

●**制作方法**

把柿子与少量水掺在一起，放在搅拌机中搅碎或装入塑料袋里压碎。

※ 腐化中

小常识！

柿油具有防水、防腐、防虫的作用。古时候就有把它涂在渔网、木材上防腐的做法。好的涩纸可保存300年之久呢！

将柿油染在白纸等纸面上，干燥后，就成了涩纸。

腐化的汁液经过铁丝网或筛子过滤后，就成了柿油。

小窍门！

榨取柿油用青柿子比较好。

奇特的果实和叶片

我们已经体验了用树木和花草做手工、染东西的乐趣，下面再给你们介绍一些新玩法。一定要试一试，超级好玩！

用七叶树果实吹泡泡

❶ 剥去七叶树果实外壳，将里面白色部分放在茶碗里，并将表皮划破。

❷ 放水直至没过所有的果实，静置一天后，再看，啊！水变成白色了！

❸ 将吸管插入茶碗里吹——"噗噗"——泛起好多气泡儿呢！

●还有什么果实能吹泡泡呢？一起探索尝试一下吧！●

●将皂荚的果实掐成小块放入水中，静置一天。

●去掉无忧子果肉的种子，将发黏的果肉部分浸入水中，也能吹出美丽的泡泡呀！

20

葛藤叶照片

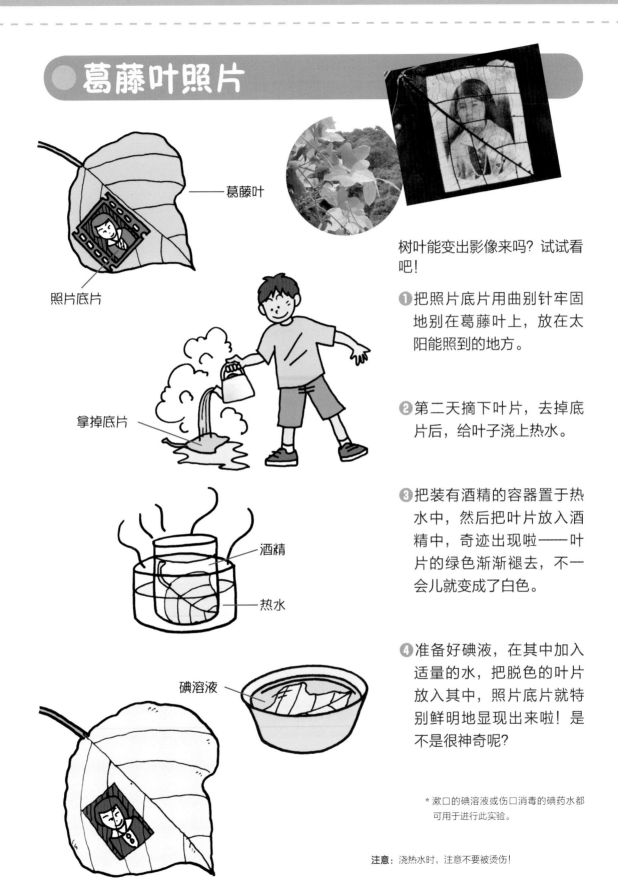

葛藤叶

照片底片

拿掉底片

酒精

热水

碘溶液

树叶能变出影像来吗？试试看吧！

❶ 把照片底片用曲别针牢固地别在葛藤叶上，放在太阳能照到的地方。

❷ 第二天摘下叶片，去掉底片后，给叶子浇上热水。

❸ 把装有酒精的容器置于热水中，然后把叶片放入酒精中，奇迹出现啦——叶片的绿色渐渐褪去，不一会儿就变成了白色。

❹ 准备好碘液，在其中加入适量的水，把脱色的叶片放入其中，照片底片就特别鲜明地显现出来啦！是不是很神奇呢？

* 漱口的碘溶液或伤口消毒的碘药水都可用于进行此实验。

注意：浇热水时，注意不要被烫伤！

大自然的味道

除了五谷杂粮，还有一些生长在路边或山上的植物，也都可以吃。这里向大家推荐各种野菜。春天到来时候，一起去品尝大自然的美味吧！而且很有营养呦！

1 品尝千日红 春夏秋冬 ★★★

千日红的花儿是红色的，也称火球花。千日红作为药用植物，有止咳平喘的作用。当我们用嘴吸花基部的花蜜时，会感到丝丝甜意！千日红也可作为花茶饮用。

2 嚼酸模叶 春夏秋冬 ★★★

咀嚼酸模叶时，会发出"咔哧咔哧"的声响，牙齿感觉特别舒服，还有股淡淡的酸味呢！酸模叶的幼芽或幼叶都可以生吃。

③ 吸茅根汁 春夏秋冬 ★★★

在茅根抽穗前，从荚中将穗取出来，放进嘴巴里，慢慢嚼，嗯！味道还不错！越嚼越甜呢！这可是纯天然的甜品！

为已抽穗的茅根。将荚中的穗放入口中。

④ 吃虎杖茎 春夏秋冬 ★★★

虽然"虎杖"的名字里有个虎，其实一点儿也不可怕，还很好吃呢！春天，叶片还没完全长出来的时候茎最好吃。剥去红紫色幼芽皮，直接送到嘴巴里生吃，或用酱、盐腌制后再吃，都很美味哎！

有点儿酸！

⑤ 舔盐肤木果 春夏秋冬 ★★★

盐肤木果实的表面有一层薄薄的白粉，伸出小舌头舔一舔，哇！有咸味儿哦！

小窍门!

盐肤木与漆树同类。摸漆树会发生漆中毒，而盐肤木不会中毒。

小常识!

盐肤木又叫五倍子树，其皮、种子还可榨油。在园林绿化中，可作为观叶、观果的树种。根、叶、花及果均可入药。

小小图鉴 春天七菜

七菜包括水芹、荠菜、鼠曲草、鹅肠草、接骨草、芜青和萝卜。古人喜欢在春天食用这七种野菜，以保健和提高免疫力。

萝卜 — 荠菜
接骨草 — 水芹
鼠曲草 — 芜青
— 鹅肠草

煮野菜 春夏秋冬 ★★★

一般的野菜都会有种酸涩的味道，用开水焯是去除涩味的常用办法。

●**去涩的方法**

先烧开水，依次将野菜的茎、叶迅速放入其中。为了尽量保持野菜的营养成分，焯水的时间不能太久。

焯水时，放一点儿盐。会使野菜颜色保持鲜艳。煮过后，要迅速用冷水过一下。

焯水后立即放入冷水中会使野菜色泽保持鲜艳，但有的野菜涩味较重，需要用水浸泡几小时后才能食用。

注意！过度用水冲，会冲淡野菜的天然香味。冲一下就可以啦！

> **焯水后可食的野菜**
>
> 鹅肠草、蒲公英、艾蒿、荠菜、笔头菜、野豌豆、黄花菜等。

 凉拌蕨菜 春夏秋冬 ★★★

蕨菜是非常有名的山野菜，春天，可采摘幼芽。经焯水脱涩后，或凉拌，或做锅子，或腌制。一年四季都能吃。

●**蕨菜脱涩的方法**

把蕨菜放在容器中，撒入一把草木灰＊用开水煮过后，盖严盖子放一个晚上，再洗净、控除水分就可以了。

注意： 用火时必须与家长一起做。

＊草或木头烧过后剩下的灰。

8 软炸车前草 春夏秋冬 ★★☆

春天，车前草柔软的叶片可以用来炸着吃，裹上面粉，再用油炸后味道很棒！

**能炸着吃的
可口野菜**

水芹、荠菜、艾蒿、紫云英、黄花菜。

9 鱼腥草茶 春夏秋冬 ★★★

6~7月份，采摘开花时节的鱼腥草叶片，洗干净后放在通风良好的阴凉处晾干，直至干燥到"咯吱咯吱"响时，都剁碎了，再用炒勺轻轻焙干。然后就可以冲水喝了！

小窍门！
也可以用同样方法做车前草茶和薄荷茶。

小小图鉴 可以当作食物的野花

油菜花
开花前，采摘带有花蕾的嫩茎，焯水后，可凉拌、煲汤或油炸。

紫云英
带有幼芽或嫩叶的茎可直接炒食，或者用水焯、用油炸后加甜醋凉拌。

钟铃花
生长于山上或野外。6~7月，采摘其花及花蕾，用点过醋的开水焯过后，再用酱油及醋调味凉拌。

樱花
摘取一簇花蕾，用食盐及梅子醋腌制成咸菜，饮用前，取一朵花，放入茶碗里，冲入开水即可。

大自然的馈赠

大自然如此厚爱我们，从春到秋，山里的树上结了好多果实，有的可以直接生吃、有的稍微加工一下，吃起来才有味道。我们试着用自己的双手加工一下吧！会别有风味呦！

1 烤橡子小饼干 春夏秋冬 ★★★

把已去掉涩味的橡子粉，用涂了油的炒勺烙一烙，可爱的橡子小饼干就做成了。

●橡子脱涩的方法

把剥干净了外皮的橡子，用粉碎机粉碎后，加水放入一个大容器里，记得要放一星期哦！每天换一次水，茶色和浑浊的液体全部换掉为止。然后倒掉上面的清水就可以吃啦！

小窍门！

同样是橡子类，如果用米槠子儿（丝栗麻黄、尖叶栲）或用石柯，不用脱涩就能直接做成小饼干。

注意：用火时必须要注意安全。

怎么有点像干杏仁的味道啊！快来体验一下吧！

26

树莓果酱 春夏秋冬 ★★★

树莓生吃味道特别好，你知道吗？要是加入白糖煮还能做成非常好吃的果酱呢！去采集各种树莓果儿，做成各种口味的果酱，请朋友们来品尝吧！

● **做法**

把采来的树莓果儿用水洗干净后，放到锅里。

煮的过程中，要不断用木勺翻动，直至水分耗尽，变得黏稠，树莓酱就做成了。是不是很简单？尝试一下吧！

加入适量的白糖，不要放水哦！用中火至文火加热，直到熬出果汁来。

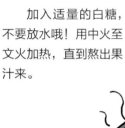

小小图鉴 **可以直接生吃的植物果实**

树莓

树莓是一种落叶灌木，初夏时，结出由许许多多橙色小核果聚结而成的聚核果，非常甜。

桑葚

春季开花，初夏果实成熟。与树莓果实相似，由许多柔软的小果颗粒聚集而成，酸甜可口，非常好吃。

软枣子猕猴桃

一到夏天，就结成浅黄色的果实，味道儿有点像梨。跟猕猴桃是同一个大家族，很有营养的哦！

山葡萄

秋天果实成熟变成黑紫色，也可将果实干燥做成葡萄干。它们可是睡鼠等动物最喜欢的食物哦！

3 栀黄豆香糯米饭 ★★★

把栀子的果实放在水里，过一会儿水就会变成黄色。用这些黄色的水做糯米饭，就能做黄澄澄的豆子糯米饭啦！

栀子花 6~7月

栀子果实
10~12月

小常识！

在日本，端午节有做"黄饭"的习惯，即用栀子果实染成黄色并加上黑豆的糯米饭。据说栀子果实的黄色可驱魔避邪；黑豆则有祝愿孩子茁壮成长之意。在中国的云南红河地区，哈尼族还保留了过"黄米节"的习俗。

●**糯米饭的做法**

糯米、黄豆、栀子果实的比例为 10∶1∶2。将栀子果实的皮稍微划开后泡入水中。

糯米洗净泡水，黄豆浸泡一夜膨大后，煮软煮烂。

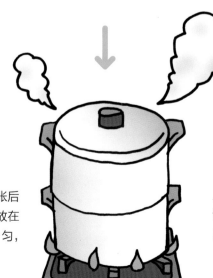

把充分膨胀后的糯米与黄豆放在一起，搅拌均匀，放入蒸锅蒸。

在蒸饭过程中，要分几次把掺入了少量盐的栀子黄水儿掸在 * 蒸饭上，栀子的黄色豆子糯米饭就可以出锅了。嗯！好香啊！

* 目的是使米饭更松软，可口、好吃。

注意： 在使用火的时候，务必要和成年人一起加工制作。

做做试试！

石花菜做凉粉

凉粉的原料是海草的同类——石花菜。利用在海岸边采来的石花菜，学着做凉粉吧！

刚打捞的石花菜

晾干的石花菜，可直接保存。

取适量石花菜，反复冲洗，去掉杂质及砂砾。

在锅里放足水，将攥掉水的石花菜和适量的醋*放入锅中，强火加热。开锅后转文火煮 30 分钟左右。

* 放醋，石花菜易溶解。以 1 升水中约放 10 毫升左右醋为宜。

石花菜全部溶解变成黏糊状后，停火。在铁网筐里垫上漂白布，进行过滤。

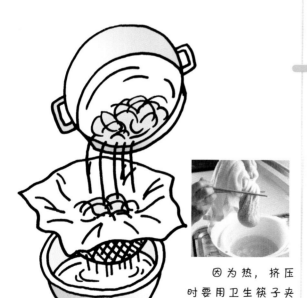

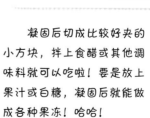

因为热，挤压时要用卫生筷子夹住布进行 *。

注意：溶解了的石花菜特别热，所以应注意不要被烫伤。

将滤过的石花菜液倒入搪瓷盆或塑料盒内，冷却、凝固。

凝固后切成比较好夹的小方块，拌上食醋或其他调味料就可以吃啦！要是放上果汁或白糖，凝固后就能做成各种果冻！哈哈！

* 煮过的石花菜凝固成块状，即成胶冻。冷冻、干燥后的胶冻又称为琼脂。超市卖的琼脂，主要原料就是石花菜，也有麒麟菜等海藻精华。

在"体验自然 启迪智慧"五大游戏系列中能够体验的例子

通过在自然中玩游戏来刺激我们的五官感觉，从而认知周围的世界，丰富我们的生活，尤其对于孩子们来说，感觉器官得到充分的锻炼，大脑各部分就会积极活跃，孩子自然聪明伶俐。

这套丛书介绍了许多在大自然中通过看、听、嗅、尝和触等各种方式来进行的游戏，以触觉为例，通过书中介绍的与动植物等自然环境有关的游戏，小朋友们可以体验到以下的感觉。

感觉	动物	植物	其他
黏滑（黏液）	鲫鱼、泥鳅、海参、小蝌蚪等鱼类和水生动物	裙带菜、海带、果囊马尾藻	黏土、山药块茎
黏胶 粘手		松脂、山药、厥菜等能提取淀粉的根或茎	
光溜 滑溜	鼻涕虫、蜘蛛网	毛毡苔	槲寄生果实的汁液
粗糙 粗涩	草蜥、鲨鱼皮、猫舌	糙叶树、光叶榉树、玉米叶子	沙画
表面溜光	贝壳里面、独角仙、楸形甲虫、金龟子	植物果实、山茶、八角金盘的叶	附着海藻类的岩石
刺痛	海胆	苍耳、仙人掌、栗子的带刺外壳	
轻飘飘 暄腾腾	鸟的胸毛	白茅的穗、蒲公英的冠毛	
坚硬 凸凹不平	小龙虾、龟、海螺	树皮	岩石
干爽爽 沙棱棱			新降的雪、沙
热			日光照射的岩石、海滨沙滩的沙子
凉			雪、冰、冰柱

大自然物种的种类和体验

以动植物为代表的自然物包括石头、土等许多类型。通过各种的自然物可进行如下的体验

体验石头	●投石头　●堆石头　●寻找美丽的石头　●用石头书写　●在石头上涂画
体验土	●触摸土　●土的温热和冷凉　●挖土　●和泥　●制作陶器
体验水	●雨水淋浴　●饮山泉　●打水仗　●浮在水面　●海中游泳　●过河
体验树	●触摸树　●闻树的气味　●收集树叶和果实　●熟练使用木棒　●树木　●竹子　●用果实做玩具
体验草	●在草丛中散步　●拔草　●掐草　●闻草香　●食草(吃野菜)　●用草游戏
体验火	●感觉热度　●闻焦糊味　●烟气熏人　●点火　●保持火种　●灭火
体验生物	●捉拿　●触摸　●闻味　●饲养　●观看　●听声音　●食用
体验空白	●在黑暗中行走　●看日出　●林中行走　●赏月　●观看波浪　●眺望大海

蓝色文字是可以在本卷中可以体验的内容

专家推荐：32件孩子在10岁前应做的事

1. 在草地上打滚	17. 堆雪人
2. 玩泥巴	18. 参加一次"探险"
3. 用面团捏小玩意儿	19. 在院子里露营
4. 采集青蛙卵	20. 烘蛋糕
5. 用花瓣制作"香水"	21. 养小动物
6. 在阳台上种花	22. 采草莓
7. 用硬纸板做面具	23. 玩丢棍棒游戏
8. 用沙子堆城堡	24. 能认出5种鸟类
9. 爬树	25. 捉小虫子
10. 在院子里挖个洞穴	26. 骑自行车穿过泥水坑
11. 尽情作画	27. 做一个风筝并放上天
12. 自己搞一次野餐	28. 用草和小树枝搭一个"窝"
13. 用颜料在脸上画鬼脸	29. 在公园找十种不同的叶子
14. 用沙子"埋住"自己	30. 和人小小地打一架
15. 做面包	31. 种菜
16. 创作一个泥雕	32. 为父母做早饭并摆到餐桌上

*摘自人民网教育频道

图书在版编目（CIP）数据

自然大恩惠 /（日）山田卓三主编；钟华，钟国安译 .
—北京：中国农业科学技术出版社，2012.6
（体验自然　启迪智慧五大游戏系列）
ISBN 978-7-5116-0908-3

Ⅰ . ①自… 　Ⅱ . ①山… ②钟… ③钟… 　Ⅲ . ①自然科学—少儿读物
Ⅳ . ① N49

中国版本图书馆 CIP 数据核字（2012）第 109481 号

GOKAN WO MIGAKU ASOBI SERIES 5 SHIZEN NO OKURIMONO
© Takuzo Yamada, Eiji Okuyama, KODOMO KURABU.
Originally published in Japan in 2011 by Rural Culture Association Japan
(NOSAN GYOSON BUNKA KYOKAI).
Chinese (in simplified character only) translation rights arranged
through TOHAN CORPORATION, TOKYO.

本书的中文简体版本经日本农山渔村文化协会授权，由中国农业科学技术出版社独家出版发行，
本书内容未经出版者书面许可，不得以任何方式或者手段复制传播。

作　　者　山田　卓三（主编）　奥山　英治（绘）
翻　　译　钟 华　钟国安

出版策划　穆玉红
责任编辑　李 雪
特约审读　朱 绯　薛桂霞　董海霞　史咏竹
责任校对　贾晓红

出 版 者　中国农业科学技术出版社
　　　　　北京市中关村南大街 12 号　邮编：100081
团购热线　010-82106626　82109707
电　　话　（010）82106626（编辑室）（010）82109703（发行部）
传　　真　（010）82109707
网　　址　http://www.castp.cn
经　　销　全国各地新华书店
印　　刷　北京富泰印刷有限责任公司
开　　本　850 mm×1 192 mm　1/16
印　　张　2
字　　数　50 千字
版　　次　2012 年 12 月第 1 版　2012 年 12 月第 1 次印刷
定　　价　36.00 元